LES
EAUX MINÉRALES

ARTIFICIELLES

ET LES

EAUX MINÉRALES

NATURELLES

DEVANT LE PUBLIC

DE L'INEFFICACITÉ

DES

EAUX MINÉRALES NATURELLES TRANSPORTÉES

PARIS

LIBRAIRIE NOUVELLE. — A. BOURDILLIAT ET Cᵉ,

15, BOULEVARD DES ITALIENS.

—

1861

LES
EAUX MINÉRALES

ARTIFICIELLES

ET LES

EAUX MINÉRALES

NATURELLES

DEVANT LE PUBLIC

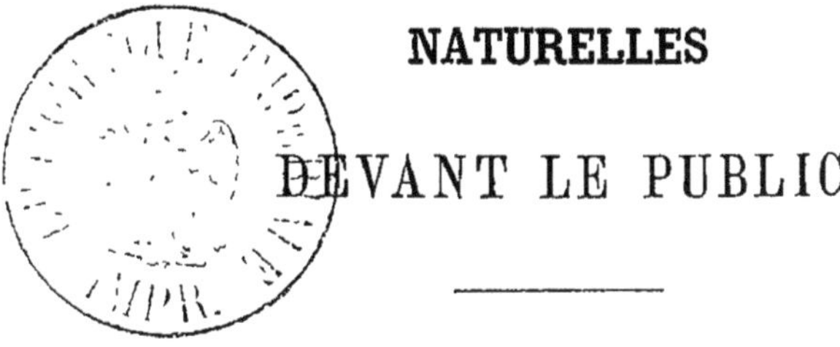

DE L'INEFFICACITÉ

DES

EAUX MINÉRALES NATURELLES TRANSPORTÉES

PARIS

LIBRAIRIE NOUVELLE. — A. BOURDILLIAT ET Ce,

15, BOULEVARD DES ITALIENS.

—

1861

LES
EAUX MINÉRALES

ARTIFICIELLES

ET LES

EAUX MINÉRALES

NATURELLES

DEVANT LE PUBLIC

A M. le rédacteur en chef de la Gazette des Eaux

19 juillet 1860.

« Monsieur le rédacteur,

» Je suis tout simplement un fabricant d'eau de Seltz factice, et c'est à ce titre que je viens vous demander une petite place dans votre estimable journal, moins pour récriminer contre ce qui a été dit à l'égard de cette industrie que pour rétablir les faits dans toute leur vérité. Vous voyez déjà, monsieur, que je compte sur toute votre impartialité.

» Il y a longtemps, il est vrai, mais c'est surtout depuis deux ans environ, qu'une hostilité systématique et persévérante s'est déchaînée contre l'eau de Seltz factice. Votre journal s'est trop souvent fait l'écho, à mon avis, d'attaques injustes et de dénonciations erronées, pour ne point dire malveillantes, pour que nous puissions retarder plus longtemps le moment de la protestation.

» Les eaux minérales naturelles appartiennent à la pharmacie, soit ! Ce n'est pas moi qui m'aviserai de discuter une pareille prétention. Si elles y sont, qu'elles y restent, c'est leur vraie place, considérées comme produit pharmaceutique. Mais aussi qu'elles y subissent le contrôle au même titre que tous les autres produits, amalgames ou combinaisons de l'officine.

» Si les choses se passaient ainsi, pas une sorte d'eau naturelle qui pourrait supporter cet examen, et, par conséquent, elle se trouverait en contradiction formelle avec son élogieux prospectus et la loi qui régit l'inspection de la pharmacie.

» Vous conviendrez, monsieur le rédacteur, que je suis pleinement autorisé à émettre de pareilles opinions. Comment ! la science et les savants en sont encore à s'entendre et, naturellement, à trouver un moyen pour la *conservation* des eaux minérales naturelles transportées ! Mais alors que penser d'un produit qui arrive à la consommation défectueux et détérioré et dont l'impuissance est *dûment* constatée dans ses effets ? Ceci explique suffisamment (comme je l'ai lu dans les colonnes de votre journal) l'indifférence de la généralité du corps médical pour tout traitement sérieux par l'emploi desdites eaux. loin des sources (1).

---

(1) Ceci est malheureusement vrai, et nous aurions trop à énumérer si nous voulions parler des eaux minérales qui perdent à peu près toutes leurs vertus par les mauvaises conditions actuelles de l'embouteillage et du transport. Ce fait est surtout visible pour les eaux ferrugineuses qui produisent très-rapidement un précipité roux. Mais s'il est moins visible pour d'autres, il n'en est pas moins réel, et l'analyse ne trouve souvent à l'arrivée que de l'eau claire, là où existaient, à la source, des principes minéraux abondants. La nature ne produit pas des effets moins surprenants en décomposant qu'en créant.

(Note de la rédaction.)

» La pharmacie encore a possédé longtemps le droit exclusif de fabriquer et de livrer à la consommation l'eau de Seltz factice.

» Dans ce bon temps, on la payait 1 franc la bouteille et elle était mal fabriquée. Aujourd'hui, elle se vend 10 centimes et elle est excellente. Je dis *excellente* avec intention, car rien ne s'oppose à ce qu'il en soit ainsi (1); dans le cas contraire, ce qu'il est toujours facile de constater, le consommateur en est quitte pour changer son fournisseur.

» Peut-il jamais en être de même pour les eaux minérales naturelles ?

» Mon intention, ici, n'est point de mettre en opposition l'opinion des divers savants qui ont donné leur avis sur le bon ou mauvais usage de l'eau de Seltz factice, ce sont aujourd'hui des arguments usés, et puis j'aime mieux parler pour mon compte, pour le faire avec plus d'indépendance.

» Le nombre des eaux minérales naturelles, de table ou *d'agrément* (comme on dit), est fort limité dans la consommation.

» Cet état de choses paraît devoir durer bien longtemps encore, malgré tous les efforts faits ou à faire, et cela par plusieurs causes radicales.

» Par l'élévation du prix qui ne s'explique pas. En effet, comment comprendre qu'une eau, que la *nature* donne en abondance et qu'il n'est besoin que de recueil-

(1) Nous contestons l'*excellence* de l'eau factice, même la mieux fabriquée. Elle n'est acceptable que mélangée avec le vin ou le sirop qui en dissimule le goût horriblement fade. Pourrait-on, tout excellente qu'elle est, la boire pure comme on fait de l'eau gazeuse naturelle?

(Note de la rédaction.)

lir, coûte 40 ou 50 centimes. quand l'industrie peut la fournir à 10 centimes? Mais, direz-vous, elle est meilleure ! Tant mieux ! si cela était. Mais qu'importe ! puisque vous n'entrez pour rien dans sa fabrication.

» Je dis : Si cela était; car. à moi autant qu'à tout autre, il est permis d'en douter. Voici pourquoi : c'est que l'agrégat minéralisateur (comme disent les savants) ayant complétement disparu, pour former un précipité *d'icelui*, il ne reste plus que l'eau et bien peu de gaz (1).

» En résumé, le public qui paye et qui boit, à Paris. vingt millions de syphons, et non pas dix, comme vous l'avez dit dans votre journal, est satisfait de l'eau factice, y est fidèle et s'en trouve fort bien.

» Un fait bien étrange. qui n'a passé inaperçu pour personne, c'est de voir des eaux naturelles aller demander le protectorat de leurs sœurs (dites *nymphes bâtardes*).

» Vous conviendrez. monsieur, qu'il faut avoir bien conscience de sa force et de sa puissance pour donner une hospitalité aussi large.

» Que peut-il naître de ces accouplements ?

» Rien de contraire à la réputation des eaux factices. croyez-le bien, l'avenir vous le prouvera (2).

(1) Argument très-contestable. Le gaz de l'eau factice se perd en entier dès que la bouteille est débouchée et ne survit pas au premier verre. Le gaz de l'eau naturelle s y trouve au contraire en communion tellement intime qu'il se produit encore des pétillements et des bulles, après vingt-quatre heures, dans une bouteille ouverte. Il est moins apparent dans celle-ci, mais il y existe plus réellement,

(Note de la rédaction.)

(2) Notre correspondant voudrait-il dire qu'il y a danger, dans cette promiscuité, pour la vertu des eaux naturelles ? (*Note de la rédaction.*)

« *Conclusion* : L'eau factice, devenue indispensable, recevant hommage des petits et des grands, est seule la reine des eaux de table et d'agrément.

» Agréez, etc.

» F. M. R. »

Monsieur le directeur.

Votre numéro du 19 juillet dernier contenait une lettre d'un fabricant d'eau de Seltz factice, lequel prétend ne pas récriminer contre les remarquables articles sur les eaux de table, publiés ici même par M. le docteur A. Treuille, *mais bien vouloir rétablir les faits dans toute leur vérité.*

La conclusion de sa lettre est que *l'eau factice est meilleure que l'eau minérale naturelle*, et par conséquent que l'eau de Seltz fabriquée est seule la reine des eaux de table et d'agrément.

Des voix plus autorisées que la mienne feront sans doute justice, à leur jour et à leur heure, des prétentions de votre correspondant en ce qui concerne les eaux minérales médicinales ; mais puisqu'il est plus particulièrement fait allusion aux eaux gazeuses naturelles dites de table, veuillez me permettre, monsieur le rédacteur, de répondre aux trop étranges attaques dont elles sont l'objet.

Les insinuations et les détours qui se trouvent à côté de la véritable question ne sont pas faits pour l'éclairer. C'est une manière de procéder peu franche. n'ayant d'autre but que d'embrouiller et déplacer la question ; le succès de ces manœuvres jésuitiques est ordinairement de peu de durée.

Les eaux ferrugineuses, bitumineuses, sulfureuses et autres, n'ont rien à faire ici ; elles doivent, je suppose, médiocrement intéresser votre correspondant qui, en généralisant la question, ne les fait intervenir que pour les besoins de sa défense, et avoir l'occasion de constater que quelques-unes ne peuvent se transporter.

Le corps médical sait très bien quelles sont les eaux minérales qui se transportent ; il conseille celles-ci loin des sources, et non celles dont la composition ne permet pas le déplacement.

Il appartient à d'autres qu'à mon contradicteur et qu'à moi de s'occuper de la question du transport et de la conservation des eaux minérales médicinales ; je le répète, elles sont étrangères à la question.

Deux points principaux sont traités par votre correspondant : d'abord *les pharmaciens considérés comme prétendant seuls au droit de vente.*

Ensuite la prétendue *supériorité des eaux fabriquées sur les eaux naturelles.*

Ce sont ces deux points qui feront l'objet de ma lettre.

Les eaux minérales appartiennent à la pharmacie, a-t-on dit.

Cette affirmation est plus que discutable. Rien n'est plus fâcheux qu'un maladroit ami, et certes celui qui a posé en principe cette prétention est loin d'avoir rendu un bon office à la pharmacie.

Si la loi a voulu avec raison que la profession de pharmacien ne pût être exercée que par des hommes offrant des garanties d'intelligence et d'instruction, la loi n'a pas créé à leur profit un privilége et un monopole, qui n'est ni dans nos mœurs ni dans notre législation, et dont les termes seuls sonnent mal dans notre siècle d'égalité et de démocratie. Que des substances, dont l'emploi demande des connaissances spéciales ou dont le libre commerce ne saurait se faire sans de très graves dangers, soient de leur domaine, cela est rationnel ; un privilége est alors complétement justifié. Mais les eaux minérales sont-elles dans ce cas ? Évidemment non. Cela est si vrai que le décret du 29 janvier laisse au touriste ou visiteur d'une station thermale le droit de se baigner et de boire sans autorisation, réservant l'intervention du médecin pour les traitements spéciaux.

L'esprit et la lettre de la loi sont les mêmes à Paris qu'aux sources thermales, je suppose. Si cette latitude est laissée pour les eaux minérales médicinales, une liberté plus grande encore doit être accordée aux eaux minérales transportées, et surtout à celles propres à l'usage de la table.

Permettez-moi, en passant, de vous signaler un fait anormal. Presque tous les commerçants qui s'adressent à la consommation de bouche sont détenteurs d'eau de Seltz factice. Aux yeux de la raison et de la logique, ils devraient être en droit, à plus forte raison, de vendre les eaux gazeuses naturelles ; il n'en est rien, à moins toutefois de payer un droit fort onéreux. L'administration, j'en suis convaincue, est animée d'un esprit trop libéral et elle est trop soucieuse des intérêts de la santé publique, pour ne pas apporter à cette question l'esprit de progrès et de justice qui l'anime.

Ce que l'on est fondé à dire avec raison, c'est que le corps pharmaceutique est le détenteur naturel des eaux minérales. mais il ne s'ensuit pas que seul il ait le droit de vente.

C'est presque toujours sur le conseil du médecin qu'on fait usage des eaux minérales médicinales, et assurément il n'est pas d'industriel ou de commerçant qui soit mieux placé que le pharmacien pour être l'intermédiaire entre le public et le praticien.

On fait un reproche au corps pharmaceutique, c'est que ce qui sort de l'officine est souvent fort cher. Il est évident que les bénéfices de la pharmacie doivent être calculés à un taux plus élevé que celui que prélève ordinairement le commerce, cela n'est que justice pour quiconque connaît les exigences de cette profession. Mais si ce reproche a pu, avec ou sans raison, être adressé aux pharmaciens en ce qui concernait la fabrication primitive des eaux de Seltz, on ne peut le leur adresser aujourd'hui pour les eaux minérales naturelles.

Je pourrais citer ici des noms dont s'honore à juste titre la pharmacie, tels que MM. *Mialhe*, *Dorvault*, *Marcette*, *Blondeau*, *Hottot*, *Robiquet*, etc.. etc., qui tous ont usé de leur influence auprès de leurs confrères pour les engager à prêter leur appui aux eaux minérales de table. C'est à ce puissant concours qu'elles doivent en partie d'être plus généralement répandues qu'elles ne l'avaient été jusqu'à ce jour. C'est à l'intelligente modération de leur prix que le public et certains malades peuvent en faire un usage particulier. C'est grâce au concours pharmaceutique, je le répète, que les eaux minérales hygiéniques ont pu être plus souvent conseillées par le medecin, toujours soucieux de la santé et des intérêts de son client.

La pharmacie est aujourd'hui convaincue que les eaux gazeuses naturelles sont appelées à remplacer les eaux sophistiquées. C'est avec l'appui de la science et du corps médical, qui, ni l'un ni l'autre, ne lui feront défaut, qu'elle arrivera à ressaisir un commerce qui, en effet, ne s'élève pas à moins dè vingt millions de bouteilles par année.

Les expériences du passé ne seront pas perdues. Dans la forme et dans la mesure que comporte cette profession, chacun saura édifier le public sur la valeur de l'eau fabriquée et de l'eau naturelle. Il sera prouvé à votre correspondant que la pharmacie sait entendre et comprendre ses intérêts et non restreindre ou tenir sous le boisseau les meilleurs produits, comme semblent le dire les plus ou moins spirituelles plaisanteries de mon adversaire.

En feuilletant l'histoire de la pharmacie, et sans remonter à une époque bien reculée, on trouve qu'elle a été la première, et pendant d'assez longues années, à vendre le sucre : elle n'a pas su conserver cette spécialité. En considérant les conditions de ce produit, cela a été une faute qu'elle doit regretter. Il n'en sera pas de même pour les eaux minérales.

Les pharmaciens ont eu encore entre leurs mains la fabrication des sirops. et aussi celle des eaux de Seltz factices. S'ils avaient compris que le bon marché était la condition *to be or not to be*. comme disent les Anglais. ils auraient pu les conserver.

Que prouvent ces faits ? que les pharmaciens sont de tristes commerçants. Ils en sont plus convaincus que vous ne pouvez le leur dire. C'est un reproche qui les honore. Cela prouve un peu aussi qu'ils faisaient leur sirop de groseille avec de la groseille et non avec du glucose. et que l'eau de Seltz. pour être fabriquée avec les principes qui doivent y entrer, ne saurait se faire à un prix de revient de 10 ou de 20 centimes. Les substances employées à cette fabrication *dans ce bon temps*, comme le dit votre spirituel correspondant, étaient autres que celles d'aujourd'hui.

Les premiers essais de cette fabrication remontent à 1818 et 1820. A cette époque, comme aujourd'hui, les pharmaciens supposaient que, pour imiter l'eau de Seltz naturelle ou toutes autres eaux minérales, il fallait en bien connaître l'analyse et faire entrer dans cette fabrication tous les principes que cette analyse constatait, ou du moins ceux que les procédés chimiques accusaient. Si on n'imitait pas d'une manière parfaite, du moins on se rapprochait. Mais du moment que la faculté *de fabriquer* l'eau de Seltz a été accordée à tous, l'industrie privée a fait comme le médecin de Molière, elle a changé tout cela. Faire de l'eau de Seltz factice conforme à l'analyse de l'eau de Seltz naturelle, allons donc ! c'était bon pour des pharmaciens ! Mais pour des habiles, *le blanc d'Espagne et l'acide sulfurique suffisent*. Il est vrai que cela ne ressemble en rien à l'eau de Seltz naturelle ! qu'importe ! Mais elle est malfaisante ! qu'importe encore, si le public consomme.

Comment s'appelle votre produit ? dirai-je maintenant aux fabricateurs. Eau de Seltz factice, votre nom en dit assez... Vous prétendez être l'imitation de l'eau de Seltz naturelle, évidemment c'est cette célèbre eau gazeuse allemande que vous avez cherché *à contrefaire*, à laquelle vous prétendez aujourd'hui être supérieurs. A la naissance de votre industrie. vous avez montré moins d'outrecuidance et plus de reconnaissance pour votre mère. Aujourd'hui vous ne vous souvenez plus de qui vous a engendré : cet oubli justifie l'épithète qui vous a été donnée de *nymphes bâtardes*. Quoi! vous prétendez faire mieux que la nature ! Mais vous oubliez donc une vérité éternelle, c'est que la nature seule produit, elle seule enfante réellement ; l'industrie n'est que la transformation de ses produits et ne les égale jamais. Vous n'êtes que de l'industrie ; ne vous en plaignez pas, car c'est à elle que vous devez vos succès, la mode et l'ignorance aidant.

Jusqu'à ce jour, en vérité, aucun chimiste n'avait eu votre prétention ; beaucoup et des plus savants ont cherché à surprendre une partie des secrets et des phénomènes qui nous viennent du sol. Très peu que je sache ont pénétré ses mystères. Cela est particulièrement vrai pour les eaux minérales.

Vous affirmez faire mieux que la nature ! vous connaissez donc tout ce qu'il y a dans une eau minérale ! vous en connaissez donc l'analyse complète ! Faites connaître les moyens qui vous servent à arriver à ce parfait résultat, et vous aurez rendu un immense service à la science et en particulier à M. O. Henry, le savant chef des travaux chimiques de l'Académie de médecine ; à M. Chatin, de la même Académie, dont les travaux et les recherches sur les eaux iodées sont connus de tous ; à M. Boussingault, de l'Académie des sciences, dont les belles expériences ont démontré les effets que peuvent produire sur notre économie l'usage des eaux prises à l'ordinaire et privées de certains sels. Tous disent avec Bordeu qu'outre les éléments minéralisateurs que l'imperfection des procédés chimiques nous fait découvrir dans les eaux minérales, elles contiennent d'autres principes que jusqu'à ce jour la science est impuissante à préciser.

Ce que vous avez fait et ce que vous faites, je vais vous le dire.

Tant que vous avez fabriqué votre eau et l'avez enfermée dans des bouteilles ordinaires, votre succès a été assez restreint. Le nombre des fabricants était peu considérable comparé à celui d'aujourd'hui, et j'ajoute que votre industrie était peu prospère. Votre produit était cependant moins malfaisant qu'il ne l'est actuellement, la force du verre des bouteilles ordinaires ne vous permettait pas de charger votre eau à *dix ou douze atmosphères*, comme vous le faites maintenant. Voilà ce que vous faisiez.

Parmi les fabricants d'eau de Seltz, il est un homme très estimable et très honorable. Avant qu'il ne fût à la tête de l'une des plus importantes fabriques d'eau de Seltz, le corps pharmaceutique s'honorait de le compter parmi ses membres les plus distingués, et la science où il eût marqué sa place en a gardé le souvenir. C'est à lui que l'industrie des eaux de Seltz factices est redevable de son principal élément de succès ; s'il ne fût le créateur du syphon, il le modifia et en rendit l'usage facile. Du jour où cette modification importante fut apportée à cette industrie, elle entra dans une voie nouvelle. En effet, le public, toujours engoué de ce qui peut charmer les yeux, a trouvé amusant cette espèce de feu d'artifice. Il ne s'est pas occupé de la question hygiénique : plus l'eau est saturée de gaz, plus il est satisfait : il n'est malheureusement que trop facile de le contenter. Dès lors, les syphons ont été chargés jusqu'à douze atmosphères. Or, ce gaz n'est là qu'à l'état de séquestration ; il est interposé, il tend sans cesse à reprendre l'espace qu'il lui faut, un instant suffit pour cela.

car l'industrie est aussi *impuissante à dissoudre le gaz dans l'eau qu'elle est impuissante à dissoudre le soufre dans le même liquide : la nature s'est réservé ce double secret.*

Quoi ! une eau chargée à dix ou douze atmosphères et dont le gaz s'échappe instantanément, ne produirait pas des effets meurtriers ! Mais c'est une force de pression bien supérieure à celle des locomotives de chemin de fer ; mais cette pression fait éclater cent fois par jour des syphons dans vos fabriques, et trop souvent vos ouvriers en sont les tristes victimes, tout masqués et gantés qu'ils soient.

Je vous fais grâce des substances que vous employez dans votre fabrication. Renseignez le public ; lorsqu'il sera bien édifié, vous verrez s'il continuera à être fort aise de boire du blanc d'Espagne et de l'acide sulfurique.

A l'exception de quelques fabriques dont l'organisation toute particulière leur permet de *clarifier* l'eau qu'elles emploient, vous prenez l'eau de la Seine ou du canal. Or, voici un document officiel, déjà cité par la *Gazette des Eaux*, et qui ne saurait être taxé de partialité : le mémoire de *M. le Préfet de la Seine* sur les eaux de Paris, qui résume en deux mots « les inconvénients qui doivent faire écarter de la consommation publique les eaux coulant à ciel découvert ; *les pluies les troublent, les végétaux les corrompent, les cultures ou les maisons riveraines les chargent d'immondices,* etc., etc. (Janvier 1859.)

Vous le voyez, on ne peut même pas dire que la Seine, qui est trop chaude en été et trop froide en hiver, soit d'une salubrité douteuse. Les détritus, les boues, les immondices des égouts, en un mot, toutes les ordures qui sont versées à la Seine ou que par infiltration elle rejette dans les puits, justifieraient, s'il en était besoin, la juste appréciation du mémoire de M. le Préfet.

Tout le monde connaît les effets que produisent les eaux de Paris sur les personnes qui n'y sont point habituées.

Les pharmaciens, dans leur loyauté, voulaient imiter l'eau de Seltz naturelle, ils avaient pris au sérieux leur mission scientifique et la confiance que le public leur accorde. Vous apprécierez tous les frais que nécessitait une fabrication faite dans ces conditions, aussi étaient-ils obligés, *dans ce bon temps*, de vendre un franc la bouteille ce que vous avez le talent de vendre trois ou quatre sous.

A cette époque, MM. Bouchardat et Payen la conseillaient, et avec raison. Mais depuis que cette fabrication a fait *tant de progrès*, MM. Trousseaux et Pidoux ont pu dire, avec non moins de raison, que « les femmes se trouvent ordinairement fort mal de l'emploi de l'eau de Seltz factice. Elle est positivement contre-indiquée dans toutes les affections spasmodiques de l'estomac et des intestins, dans un grand nombre de cas, elle a quelquefois d'assez graves inconvénients. » Ces autorités ont pu tenir chacune ce langage sans contradiction.

Puisque l'opinion des fabricants d'eaux minérales factices est que *leur produit est meilleur que les eaux minérales naturelles*, veuillez me permettre de citer l'opinion du corps médical en ce qui concerne plus particulièrement les eaux gazeuses.

Je ne parlerai pas des eaux minérales médicinales. Après les remarquables travaux du célèbre hydrologue

M. Durand Fardel; après ceux de MM. les professeurs
Petrequin et Socquet, médecins de l'Hôtel-Dieu de Lyon ;
après ceux de M. J. Lefort et de M. J. François, le célèbre ingénieur que l'Europe envie à la France, rien ne saurait être dit. Ces noms, qui appartiennent à la science, font
autorité en hydrologie, le corps médical croit à leurs pa-
roles et à leurs écrits.

Voici des citations :

« Depuis quelques années, tous les hommes qui s'oc-
cupent de la santé publique ont pu constater la fréquence
toujours croissante des affections de l'appareil digestif et
leur terminaison trop souvent funeste.

» La science s'est émue en face de ces dégénérescences
squirrheuses et de ces ramollissements de l'estomac, si
rares autrefois, et qui comptent aujourd'hui tant de victimes ; et parmi les causes les plus actives de ces désor-
dres, elle a dénoncé l'abus des boissons alcooliques et
l'usage habituel des eaux gazeuses artificielles.

» La sollicitude éclairée des médecins, tout en signa-
lant le péril, a encouragé de tous ses efforts l'introduction
de eaux minérales naturelles sur nos tables, substituant
ainsi à des habitudes *meurtrières* une action toujours bien-
faisante.

» C'est à ce besoin de réaction contre les eaux artificielles que les eaux gazeuses naturelles doivent le pa-
tronage qui les ont accueillies. » (OSSIAN HENRY, *membre
de l'Académie de médecine, et chef de ses travaux chimiques, etc., etc.)*

« Les eaux gazeuses naturelles sont appelées à remplacer sur toutes les tables *les préparations gazeuses artificielles, dont l'intervention est toujours agressive pour
l'organe de la digestion, surtout lorsqu'elles contiennent*

des acides. » (DIDAY, *médecin de la Charité de Lyon, professeur à l'École de Médecine.)*

« C'est à la décomposition lente des sels minéralisateurs dans l'estomac lui-même, avec dégagement modéré d'acide carbonique, que les eaux gazeuses naturelles doivent leur *supériorité sur les eaux gazeuses artificielles.* Les premières *(naturelles)* agissent longtemps avec modération, sans brusquerie et par cela même ne peuvent fatiguer l'estomac ; tandis que les secondes *(artificielles),* laissant tout à coup dégager leur gaz en abondance, produisent une distension rapide et douloureuse des parois stomacales ; en un mot, *elles fatiguent* par cette seule action toute mécanique et pourtant inévitable pour toutes les eaux artificielles. » (SOCQUET, *médecin à l'Hôtel-Dieu, lauréat de l'Académie de médecine.)*

« Les chimistes *mélangent,* la nature *combine.* Aussi, dès qu'on débouche une bouteille d'eau gazeuse artificielle, le gaz s'envole-t-il, saluant sa mise en liberté par une détonation qui ne peut charmer que l'oreille du vulgaire. Pour obvier à cet inconvénient, on a imaginé des bouteilles dites à syphon. On a remplacé un inconvénient par un *danger.* A l'explosion en plein air, on substitue, autant que l'on peut, l'explosion en plein estomac. Pense-t-on que cet organe ne soit pas *fatigué, irrité, épuisé* à la longue, par une boisson qui se distend tout à coup au point de prendre quatre ou cinq fois son volume.

» Une bouteille d'eau de Seltz artificielle, débouchée, perd tout son gaz en *trois minutes environ,* à une température de 25° centigrades ; tandis qu'une bouteille d'eau gazeuse naturelle, à la même température, dégage des bulles de gaz pendant *douze heures consécutives.* Le dégagement de cet acide carbonique accompagne la digestion et l'aide jusqu'à ce qu'elle soit achevée.

» *L'eau gazeuse artificielle de Seltz est une machine à vapeur qui éclate.*

» *L'eau gazeuse naturelle est une machine à vapeur qui marche.* » (Tampier, *D. M.)*

« Le danger de boire froid pendant que le corps est en sueur ne pouvant s'appeler une chimère, il arrive de toute nécessité l'une de ces deux choses, ou qu'on laisse passer quelques minutes avant d'oser porter son verre à ses lèvres — et ces minutes sont l'exacte répétition du supplice de Tantale— ou que, pour satisfaire son caprice, on risque une maladie. Les eaux minérales gazeuses naturelles nous dispensent de ces ménagements; en toute saison, à toute température, elles s'ingèrent sans inconvénient. Le fait est notoire. Je pourrais en donner l'explication physiologique. » (Diday, *médecin à la Charité de Lyon, professeur à l'École de Médecine.)*

« Nous ne chercherons pas à expliquer l'action mystérieuse des eaux minérales sur notre organisation. Dans notre manière de voir, ces eaux doivent toujours remplacer les préparations artificielles qui ne sauraient être qu'une traduction imparfaite des produits de la nature. Nous pensons, comme le célèbre Bordeu, qu'une sorte de vie particulière est l'apanage des eaux minérales naturelles, et que, quoique chargées de principes appartenant au règne inorganique, elles agissent d'une manière douce qui n'appartient qu'aux corps doués de la vie, ou qui ont du moins une espèce d'organisation qui leur est propre. » (H. Lecoq.)

« La facilité des communications permettant de mettre à la portée de tout le monde les richesses hydrologiques que certains pays privilégiés possèdent en abondance, il ne s'agit donc plus que d'indiquer au public l'application qu'il peut faire de ces eaux comme boisson hygiénique ou bien encore les affections rebelles au traitement pharmaceutique et qui cèdent facilement à ces moyens si simples préparés par la nature ; car, il faut bien le dire, les officines de la nature ont des secrets que l'analyse chimique n'a pas encore découverts et qu'elle ne découvrira peut-être jamais ; les entrailles de la terre possèdent d'ailleurs des laboratoires autrement puissants que ceux de la chimie. » (FOURNIER, *D. M.*)

Après ces citations que je pourrais continuer, j'ose espérer que votre correspondant demeurera convaincu que, dans ses remarquables articles, M. A. Treuille ne s'était en rien écarté de *la vérité des faits ;* donc ils n'avaient nul besoin d'être *rétablis.*

M. A. Treuille n'avait fait que corroborer l'opinion de ses savants confrères.

En fait d'eaux minérales, le corps médical est le meilleur et le seul juge. Ses arrêts sont tout-puissants. Il *édifiera* le public sur l'immense distance qui existe entre les eaux gazeuses *artificielles* et les eaux *naturelles.* De votre côté, monsieur le rédacteur, n'abandonnez pas cet intéressant sujet ; ce qui est encore dans un cercle scientifique deviendra populaire avec votre concours ; il ne saurait faire défaut à une question qui intéresse au plus haut degré l'hygiène et la santé publique.

Recevez, je vous prie, monsieur le rédacteur, l'assurance de ma plus complète considération.

CLÉMENT.

« Monsieur le rédacteur,

» Je commence par vous remercier de l'empressement que vous avez mis à insérer ma lettre du 19 juillet dernier.

» Il est bien vrai que l'hospitalité que je vous demandais ne m'a été accordée que sous réserve et à des conditions fort dures.

» Après ce que vous avez pu dire, rien de moins surprenant que de voir arriver M. Clément, l'homme par excellence pour les hardiesses de langage.

» Comme vous et lui, monsieur le rédacteur, dites à peu près les mêmes choses, employez les mêmes arguments, je répondrai seulement à M. Clément dont, en aucun cas, je ne puis être ni devenir l'obligé.

» J'ai l'espérance fondée de démontrer, à vous et à vos lecteurs, que ma bonne foi est entière et que vous avez eu tort de la suspecter. En même temps, je veux prouver à M. Clément que mes *manœuvres* ne sont rien moins que *jésuitiques*.

» Je déclare n'avoir parlé de MM. les pharmaciens que très incidemment et pour établir ma démonstration, il a fallu torturer la lettre pour y voir autre chose.

» C'est M. Clément qui s'est chargé de cette besogne. J'ai dit :

« Les eaux minérales naturelles appartiennent à la
» pharmacie, soit !.... Mais aussi qu'elles y subissent le
» contrôle au même titre que tous les autres produits,
» amalgames ou combinaisons de l'officine. »

» J'ajoutais : « Si les choses se passaient ainsi, pas
» une sorte d'eau naturelle qui pourrait supporter cet
» examen, et, par conséquent, elle se trouverait en con-

» tradiction formelle avec son élogieux prospectus et la
» loi qui régit l'inspection de la pharmacie. »

» Dans ce qui précède et dans ce qui suivait (voir ma
lettre du 19 juillet), ai-je, sans le vouloir, offensé messieurs les pharmaciens ou ai-je pu leur déplaire? Je ne
le crois pas. Mais M. Clément y voit de plus près et mieux
que tout le monde; sur ce, et à cause de cela, il nous
gratifie, à propos de la pharmacie, d'une note historique
dans laquelle il nous dépeint messieurs les pharmaciens
comme intelligents et instruits (ce dont personne ne doute),
mais tristes! Probablement depuis qu'ils ont perdu la
vente du sucre et des confitures?

» Faudrait-il en conclure que les épiciers sont gais,
destinés qu'ils sont à vivre des épaves de la pharmacie?

» M. Clément eût pu dire encore, tout simplement,
que l'eau de Seltz des pharmaciens, en 1818 ou 1820,
n'était autre chose que la *poudre* de Fèvre des temps
modernes (moins l'appareil), avec addition, peut-être, de
quelques centièmes de gramme d'acétate de fer dont le
prix dans le commerce est de un franc le litre (M. Clément ne dit rien avec simplicité).

» M. Clément, dans sa lettre du 11 octobre, rappelle
les remarquables articles sur les eaux de table, publiés
par M. le docteur Treuille, articles dans lesquels il a puisé
largement; mais aussi desquels il a retranché non moins
largement, et pour cause!!!

» Personne ne trouvera extraordinaire que je n'a-
dresse pas mes félicitations empressées au docteur
Treuille. Mais rien ne peut m'empêcher de lui rendre justice et de reconnaître, s'il est radical à outrance dans ses
conclusions en demandant la suppression absolue des
eaux factices de toute sorte, qu'il n'est point un démolis-

seur vulgaire et brutal, n'agissant que dans un intérêt purement personnel, puisqu'il voudrait suppléer *à tout ce qui est* par la conservation des eaux minérales transportées, conservation dont il s'est fait le promoteur.

» M. le docteur Treuille, devant la Société d'hydrologie, a dit :

« Les propriétaires d'eaux sulfureuses prétendent que » les ferrugineuses ne se conservent pas.

» Les propriétaires d'eaux ferrugineuses ont la même » prétention à l'égard des sulfureuses. »

» Comme M. le docteur Treuille est très conciliant de sa nature, il concluait que tous avaient raison.

» Si, à ce moment, M. Treuille eût puisé à la troisième catégorie, *les iodées*, il est certain qu'il eût décidé dans le même sens (*à priori*).

» Il appartient à d'autres qu'à notre contradicteur et à moi de s'occuper de la question du transport et de la conservation des eaux médicinales, dit M. Clément. Je m'empresse de déclarer que mon intention est de ne pas m'en occuper dans l'avenir plus que je ne l'ai fait par le passé; mais cependant je sais m'en préoccuper d'une manière sérieuse, car la conservation des eaux transportées serait le seul côté vulnérable des eaux factices, comme la non-conservation est la négation absolue des eaux minérales naturelles, quelles qu'elles soient ; voilà pourquoi les eaux factices seront toujours supérieures, préférables et préférées, à des produits défectueux et détériorés. Cependant, vous, monsieur le rédacteur, monsieur Clément aussi, prétendez que toutes les eaux naturelles ne sont pas atteintes de ce même vice de détérioration, permettez-moi de vous demander quelles sont celles qui jouissent du privilége de la conservation ?

» Ce serait votre devoir de les indiquer.

» Mais dans votre grand embarras de répondre à cette question, vous vous abstiendrez ; votre silence me suffira. A la même question, M. Clément me répondra par son prospectus (ce qui est de rigueur) ; pour le surplus, me renverra aux médecins qui doivent savoir ce qui en est. Si bien que, dans l'avenir, les choses s'accompliront comme par le passé. Le public sera toujours... le public.

» Je profite de l'occasion pour donner une grande satisfaction à M. Clément :

» Ce n'est point de l'eau de Seltz factice que nous fabriquons, mais bien de l'eau gazeuse, dite du commerce, sans intention ni prétention aucune d'imiter la nature.

» Nous consentons même, de par Bordeu, à être des *nymphes bâtardes*, filles de l'industrie, ce qui est quelque chose; mais aussi. de par Bordeu, vous restez des cadavres (les eaux minérales transportées). ce qui n'est rien.

» F. M. R. »

« M. Clément, avec sa gracieuseté accoutumée, nous traite de fabricateurs ; c'est tout bonnement une flèche émoussée, lancée par un mandarin à beaucoup de boutons.

» Je m'associe à M. Clément pour édifier le public ; je crois que nous y travaillons utilement, mais non pour le tromper.

» M. Clément prétend que nous lui faisons boire (au public) de l'acide sulfurique et du blanc d'Espagne.

» Cette affirmation serait une grossière calomnie, si elle n'était une grosse niaiserie.

» A qui M. Clément fera-t-il accroire une pareille énormité? Les eaux gazeuses du commerce sont approuvées par le Comité d'hygiène et de salubrité (après avis de l'Académie, bien entendu); leur fabrication est soumise à une inspection scientifique et active que fait exercer l'administration. Encore un effet oratoire manqué.

» Les plus petits ménages de Paris ont une fontaine à filtre. A entendre M. Clément. les fabricateurs d'eaux gazeuses négligeraient, pour la plupart, de se pourvoir de ce plus simple appareil et iraient, exprès, chercher leurs eaux dans les plus mauvais lieux.

» Pour prouver son dire, il rappelle un document officiel dont il sera facile d'apprécier la portée.

» M. le Préfet de la Seine signale à ses administrés, dans un rapport longuement motivé, un projet, encore à l'étude, de changer l'usage des eaux de Paris qu'il déclare insalubres. En quoi ces intentions de l'administration pourraient-elles porter une atteinte particulière aux eaux gazeuses du commerce et conclure contre leur emploi ?

» Je réponds à M. Clément : que ce qui a surtout déterminé le succès des eaux gazeuses du commerce, c'est l'insalubrité des eaux de Paris que le travail de la fabrication a tout juste pour effet de rendre potables et salubres.

» Inutile d'ajouter que toute la population du département de la Seine est soumise au même régime des eaux, soit de la Seine, soit du canal, qui sont distribuées dans Paris, suivant les zones, et particulièrement chez les fabricateurs qui presque tous ont, à domicile, une concession de la Ville.

» J'avoue, avec empressement, que le syphon a puissamment concouru à la propagation de l'eau gazeuse du commerce.

» Il est bien vrai encore que, dans l'appareil à saturer l'eau, on élève la compression du gaz jusqu'à 12 atmosphères (les fabricateurs anglais vont jusqu'à 24 atmosphères ; mais ce sont des Anglais !), qui ne comporte, en elle-même, aucun inconvénient.

» Si nous en agissons ainsi, c'est par une nécessité impérieuse. C'est qu'il faut accumuler le plus de gaz possible pour que le syphon puisse se vider facilement. (Il est, je crois, inutile d'expliquer le fait mécanique et physique.)

» Il est bien entendu que, dans ces conditions, il y a séquestration et surabondance de gaz. Mais, eau et gaz rendus à l'air libre, il y a instantanément dégagement du gaz en surabondance et équilibre parfait avec la pression atmosphérique, d'où il résulte que l'eau ne contient plus que la quantité normale de gaz qui lui est nécessaire pour faire un bon produit.

» Vos hommes travaillent avec des masques et des gants, dit M. Clément ; si je ne m'étais pas imposé de répondre à tous les arguments, bons ou mauvais, de M. Clément, je ne m'occuperais pas de cette objection qui n'est, en définitive, que très insignifiante. Pourquoi dissimulerai-je que notre fabrication peut être cause de quelques accidents ? s'il en est ainsi, pourquoi ne prendrait-on pas les précautions nécessaires et si simples ?

» Faut-il supprimer les couvreurs. parce que la statistique accuse, parmi cette classe de travailleurs, six pour cent de décès, par année, par suite de chutes ?

» Faut-il renoncer au blanc de céruse, au peignage du

chanvre, à la conduite des locomotives enfin aux dan-
seurs de corde, etc., etc?

» Parmi toutes ces professions, il est facile de voir que
M. Clément ne demande que la suppression de la nôtre ;
c'est beaucoup trop !!!

» L'intention bien arrêtée de M. Clément est d'écraser
son homme au moyen d'une multitude de citations, naturellement celles qui lui conviennent.

» Si je n'emploie pas la même méthode, c'est par res-
pect pour ces messieurs de la science auxquels je ne demande rien et desquels je n'attends rien.

» Je me contente donc de répondre à M. Clément :

« Hippocrate dit oui et Galien dit non. »

» J'adresse les questions suivantes à M. Clément, avec
l'espoir qu'il voudra bien répondre tout simplement, si
cela lui est possible. .

» Je lui demande : quelle différence il peut y avoir
entre le gaz acide carbonique obtenu par la fabrication,
et le gaz acide carbonique tel que la nature le produit?

» J'en ai fait avec du bicarbonate de soude, par suré-
chauffement dans un vase clos en fer. L'opération avait
un double but : 1° obtenir du gaz acide carbonique en
grande quantité ; 2° purifier le bicarbonate de soude. Le
gaz était absolument le même. L'opération était indus-
triellement onéreuse, j'ai dû l'abandonner.

» Que M. Clément consulte ; s'il ne sait pas, rien de
plus naturel. Mais, pour l'amour de Dieu ! qu'il nous
fasse grâce de ce déluge de citations ! qu'il nous traduise
par un mot l'opinion des autres, si cela lui plaît, mais sous
sa responsabilité personnelle.

» Quelle différence établit-il entre l'électricité de la nature et celle produite par les piles, qui laissent et produisent des résidus infects ?

» Pour leur conservation, les eaux de Condillac sont-elles mises en bouteilles dans les meilleures conditions de température ? ce qui aurait lieu deux fois par année.

» Que faut-il penser de toutes les préparations pharmaceutiques qui ont pour objet la conservation de l'iode ? et, par voie de conséquence, de l'iode dans les eaux minérales transportées ?

» Je m'arrête et je me résume.

» Prouvez-moi que les eaux gazeuses transportées sont embouteillées avec un soin égal à celui qui préside à la fabrication ; prouvez-moi qu'elles conservent tout leur gaz, qu'elles gardent en parfaite dissolution leurs principes minéraux : fer, iode ou manganèse, et alors je cesserai de les appeler avec Bordeu « des cadavres. »

» Si vous convenez avec toute la science que cette complète conservation est douteuse, ne m'empêchez pas de préconiser l'eau gazeuse du commerce qui doit aux difficultés de sa fabrication ce qui précisément vous manque, du gaz.

» Puis enfin, si vous prétendez régner comme il convient aux eaux de la nature, si vous ne voulez pas que l'opinion publique se convainque tout à fait et bientôt de votre insuffisance loin de la source, faites le nécessaire. Ceci s'adresse à tous autant qu'à M. Clément.

» F. M. R. »

DE L'INEFFICACITÉ

DES

EAUX MINÉRALES NATURELLES

TRANSPORTÉES

Les lettres qui précèdent ont déjà préparé le public à son édification et à le faire juge dans une question où il est, *vraiment*, le seul intéressé.

Il ne peut donc s'agir, ici, de le solliciter dans un intérêt particulier, au contraire ! mais de lui apporter et lui fournir tous les éclaircissements dont il a besoin, pour se défendre contre l'erreur ou le charlatanisme.

En 1858, devant la Société d'hydrologie, M. le docteur Treuille rappelait un travail qu'il avait publié tout récemment, et il le faisait dans ces termes :

« Nous posions en fait que les eaux minérales n'ont
» d'efficacité réelle que prises à la source. Nous ajou-
» tions même que, selon nous, en dehors de leur point
» précis d'émergence, les eaux minérales devenaient
» inaptes à produire sur l'organisme cette action mul-
» tiple et complexe qui le modifie si profondément. En-
» fin, recherchant le principe fondamental de l'action des
» eaux, leur *vitalité*, nous allions jusqu'à déclarer l'im-
» puissance radicale et la complète inefficacité des eaux
» transportées. »

» Nous n'avons rien à rétracter de ce que nous avons
» avancé. Nous croyons encore qu'il est impossible de
» guérir, à distance des sources, les coliques hépatiques
» à l'aide de l'eau de Vichy, de modifier la marche d'une
» affection chronique de la poitrine par l'usage des Eaux-
» Bonnes ou de celles du Mont-Dore, de guérir la gra-
» velle, la goutte, les coliques néphrétiques par l'eau
» de Contréxeville, de Vichy ou de Rieumajou, etc., etc.

. . . .

. . . .

» Permettez-nous, messieurs (ajoutait le docteur
» Treuille), de développer devant vous et de soumettre
» à votre savante appréciation le point de départ, le dé-
» veloppement et les conclusions de la question des
» eaux minérales transportées.

» Cette question, du reste, a été reconnue assez im-
» portante pour mériter les études des chimistes et des
» docteurs les plus distingués, celles, entre autres, de
» MM. Ossian Henry et Filhol, et l'Académie de méde-
» cine elle-même fait actuellement faire sous ses yeux
» (1858) des expériences dont les eaux d'Enghien sont
» le sujet.

» Sans entrer dans le détail des expériences faites à
» l'Académie, nous croyons pouvoir dire qu'il est im-
» possible qu'elles aboutissent à des résultats positifs.
» Voici simplement pourquoi : l'eau d'Enghien, sur la-
» quelle on opère, arrive au laboratoire transportée dans
» de telles conditions qu'elle a déjà perdu la plus grande
» partie de ses propriétés.

» Les savants sont généralement d'accord sur ce
» point.

» La conservation des eaux minérales transportées

» dépend, en majeure partie, de leur isolement de l'air
» et de la lumière. La plupart des expériences, incom-
» plètes, par malheur, faites jusqu'à ce jour, donnent
» raison à cette affirmation.

» En analysant les eaux à leur point d'émergence, on
» peut constater quels sont, au juste, les divers éléments
» physiques et chimiques de leur constitution. Mais si on
» les analyse hors du point d'émergence, l'action inces-
» sante et simultanée des agents de décomposition,
» l'air et la lumière, auront produit des modifications et
» perturbations telles que leurs effets thérapeutiques s'en
» trouveront considérablement amoindris.

» A l'issue de la source, les eaux minérales possèdent
» tous les caractères de minéralisation qui leur sont
» propres ; et certainement elles les perdent partielle-
» ment, totalement même, au contact plus ou moins
» prolongé de l'air et de la lumière.

» Par conséquent, il n'est pas hasardeux de conclure
» que l'air et la lumière produisent une grande partie des
» modifications physiques et chimiques remarquées dans
» les eaux minérales transportées.

» Pour preuve, on n'a qu'à considérer les eaux de
» Passy, d'Auteuil, de Bussang, de Forges, de Cransac,
» de Spa, etc., etc., les eaux ferrugineuses, en général,
» elles ne contiennent plus de fer en dissolution, le fer
» est précipité. Il en est de même des eaux sulfureuses,
» sulfhydriques, telles que celles d'Enghien, Pierrefonds,
» de Labassère, etc., etc. »

A la suite d'une opinion si nettement formulée,
partagée par tout le corps médical en général, spé-
cialement par ceux qui se sont le plus occupés d'hydrologie, M. le docteur Treuille continuait en faisant l'ex-

posé et la critique des moyens qui avaient été employés et mis en pratique, jusqu'à ce moment, pour la conservation des eaux minérales transportées.

Depuis cette époque, aucun procédé nouveau ou meilleur n'étant venu remédier à l'état de choses de 1858, on peut en conclure que la conservation des eaux minérales est encore dans le néant.

Ce sont ceux-là, surtout, qui se sont le plus occupés de la conservation des eaux minérales, qui doivent, logiquement, être les moins convaincus à l'endroit de la conservation.

MM. Ossian Henry, Filhol, Jules François, ingénieur en chef des mines, ont fait des applications et employé des moyens divers.

M. J. François, dans son *Dictionnaire d'Hydrologie*, après avoir énuméré les différents procédés appliqués à la conservation, termine et recommande de les utiliser *en vue de limiter la conservation.*

Quelles sont les limites de cette conservation? Nous l'ignorons. Mais, pour notre compte, il nous serait difficile d'admettre autre chose que la conservation absolue. Nous croyons donc pouvoir affirmer, sans craindre d'être contredit, qu'elle ne peut exister par les moyens signalés. (En effet, personne ne peut s'habituer à la pensée d'admettre un médicament plus ou moins détérioré.)

Si, d'après cela, il est bien démontré, comme nous le croyons sincèrement, que dans les eaux minérales transportées il y ait absence de conservation *vraie*, par conséquent, absence de tous les avantages qui pourraient en résulter pour l'hygiène et la santé publiques, il y a lieu de s'étonner de cette réclame incessante et pompeuse des prospectus de messieurs les propriétaires de sources.

Plusieurs moyens, bien simples et bien vrais, se présentent à eux désormais pour arriver aux convictions du public qu'ils ne cessent de solliciter de toutes les manières et sous *toutes les formes*.

Les eaux minérales transportées sont approuvées par l'Académie au même titre que tant d'autres produits similaires, notamment les eaux gazeuses artificielles ; tout récemment, les eaux sulfureuses artificielles. Pourquoi les propriétaires de sources n'iraient-ils pas lui demander (à l'Académie) une dernière consécration? (dont quelques-uns n'hésitent pas dé se prévaloir), la recommandation!

Si simples qu'ils soient, le moyen et le conseil seront négligés. Voici pourquoi : c'est que l'Académie ne se rendrait qu'à de bonnes raisons démonstratives de conservation, et que les propriétaires de sources n'ont rien de semblable dont ils puissent faire la preuve.

Pareillement à la Société d'hydrologie qui ne relève que d'elle-même, qui agit dans toute la plénitude de son initiative, n'ayant aucun mandat pour approuver ou repousser, il est vrai ; mais qui doit être empressée, selon nous, à faire bon accueil à tout ce qui concerne ses travaux, si spéciaux, et peut devenir un bienfait pour l'humanité dont elle se préoccupe constamment.

Les mêmes raisons que ci-dessus paralyseront encore toutes démarches de ce côté.

Enfin, nous signalons un dernier moyen dont la facilité et la moralité sont de toute évidence et dans lequel le public trouverait toutes les garanties désirables.

Que les propriétaires de sources demandent à qui de

droit que MM. les inspecteurs de la pharmacie aient encore pour mission de surveiller les eaux minérales transportées, de manière à ce que la composition de celles-ci soit toujours d'accord avec les analyses données dans le prospectus, sous peine d'infraction aux lois qui régissent, non-seulement la pharmacie, comme vente de médicaments détériorés, mais encore comme tromperie sur la nature et la qualité de la marchandise, ce qui est un délit.

Rien de tout cela ne sera fait. C'est au public qu'il appartient désormais d'apprécier. Il continuera de lire sur certains prospectus :

» Tous les auteurs constatent la conservation absolue. »

. . . .

Inutile de demander quels sont les moyens de conservation. C'est un fait probablement particulier à cette sorte d'eau.

» Trois ans d'embouteillage, sans altération, dit un autre. »

Pourquoi pas six ou sept années, à la volonté du bailleur ?

Plus fort ! « Elle supporte tous les voyages et se conserve pendant des années entières, sans se troubler jamais » *(le ferrugineux se précipite au fond de la bouteille).*

Voilà, sans aucun doute, un propriétaire d'une bien grande naïveté ! Mais il faut la lui pardonner, il voulait faire comme tous, même mieux ! Affirmer que ses eaux se conservaient à tout jamais ! erreur ou charlatanisme !!! C'est absolument comme une personne qui, n'ayant plus que quelques dents adhérentes à la mâchoire, prétendrait qu'elle n'en a pas perdu une seule, sous prétexte que les *absentes* sont soigneusement placées dans un tiroir de son secrétaire.

Nous jugeons utile d'indiquer très sommairement, il est vrai, les moyens de constater sûrement la valeur des eaux minérales transportées.

« Les ferrugineuses, employées loin des sources, arrivent à leur destination chargées de flocons filamenteux, ressemblant à des toiles d'araignées ; elles sont troubles et tiennent en suspension, sous une forme divisée. une foule de parcelles très désagréables à l'œil.

» Ces toiles d'araignées, ces parcelles ne sont autre chose que le fer qui est précipité. A cet état, les eaux n'ont aucune valeur *hygiénique*. encore moins thérapeutique ; la combinaison chimique, telle que la nature la produit, a subi la plus entière altération, *toute vitalité* a disparu.

» Il pourrait se faire, et cela arrive quelquefois, que l'eau ferrugineuse fût d'une limpidité irréprochable. — Le fait est bien simple et s'explique ainsi : c'est que cette eau, avant d'être mise en bouteille, était déjà détériorée, que les modifications avaient eu lieu à la source même et ne pouvaient plus s'accomplir dans le vase. Cela a dépendu du mode de puisement, de la quantité immédiatement puisée, aussi des circonstances atmosphériques, etc., etc. Mais, dans l'un comme dans l'autre cas, leur insignifiance est radicale (le fer étant toujours absent).

» Une coloration jaune ou blanche, dans une eau minérale sulfurée, est le meilleur indice de son altération. » (LEFORT, rédacteur du *Dictionnaire d'Hydrologie*. en collaboration avec MM. J. François et Durand Fradel.)

N'est-il pas vrai que tous les nombreux médicaments

ferrugineux, iodés, bromo-iodurés, iodo-bromurés, etc.,
n'ont été créés que pour suppléer à l'insuffisance des
eaux minérales transportées?

Ainsi, il reste démontré que, quelles qu'elles soient,
ferrugineuses, sulfureuses ou iodées, etc., etc., les eaux
minérales transportées sont toutes égales devant la déter-
rioration, comme elles doivent l'être devant l'indifférence
publique.

Nous déclarons ici que nous sommes le plus fervent
partisan des eaux minérales utilisées aux sources.

Nous nous empressons de signaler à la reconnaissance
publique tous les efforts. couronnés du succès le plus com-
plet, qui ont été faits par la Société d'hydrologie, compo-
sée des hommes les plus éminents et les plus spéciaux,
pour relever et assurer le crédit des eaux minérales,
prises et appliquées aux stations ; crédit qui avait été
plus qu'ébranlé par les résultats, constamment négatifs,
que produisent les eaux minérales transportées.

On voudra bien remarquer que nous avons évité de
citer particulièrement aucune source. C'est que nous les
confondons et les assimilons au même degré d'impuissance (sous la forme transportée).

Un dernier mot... L'eau de Seltz artificielle ne fait...
point de mal.... L'eau minérale, loin des sources, ne fait
aucun bien.

Paris. — Imprimerie SERRIERE et Cⁱᵉ, 123, rue Montmartre.

www.ingramcontent.com/pod-product-compliance
Ingram Content Group UK Ltd.
Pitfield, Milton Keynes, MK11 3LW, UK
UKHW022348130726
13694UKWH00006B/1826